1. COCOS yatai. 2. COCOS australis. 3. COPERNICIA cerifera.

Chazal pinx.t d'après d'Orbigny. Levrault Editeur. Becton sculp.

1. MARTINEZIA cuneata. 2. EUTERPE andicola. 3. E. Hænkeana.

P. Oudart pinx. d'apres d'Orbigny
Breton sculp.
P. Bertrand Editeur

A. Chazal pinx.t d'après d'Orbigny. — P. Bertrand Editeur. — Breton sculp.t

1-2 ASTROCARYUM Chonta. 3. MAXIMILIANA princeps. 4. COCOS botryophora.

A. Chazal pinx^t d'après d'Orbigny. P. Bertrand Éditeur E. Chavane sculp^t

1. IRIARTEA Orbigniana. 2. ATTALEA blepharopus. 3. IRIARTEA phaeocarpa.

1. HYOSPATHE montana. 2. BACTRIS faucium. 3. CHAMÆDOREA gracilis.

Impr. de Bénard.

1. BACTRIS socialis. 2. BACTRIS marasa. 3. BACTRIS inundata.

1. THRINAX chuco. 2. EUTERPE precatoria. 3. ŒNOCARPUS tarampabo.

J. Delarue pint d'après d'Orbigny — Annedouche sculp

P. Bertrand éditeur

1. COCOS yatai. 2. COCOS petræa 3. DIPLOTHEMIUM littorale.

1. TRITHRINAX brasiliensis. 2. ORBIGNIA humilis. 3. GULIELMA insignis.

1. GEONOMA Orbigniana. 2. GEONOMA macrostachya. 3. GEONOMA Demarestii.

1. GEONOMA Brongniartii. 2. GEONOMA Jussieuana. 3. IRIARTEA Lamarckiana.

1. MAURITIA vinifera. 3. ASTROCARYUM Huaimi. 2. ORBIGNIA phalerata.

1. MAURITIA armata. 2. BACTRIS socialis. 3. DESMONCHUS rudentum.

J. Delarue pinx. P. Bertrand éditeur Annedouche sculp.

1. EUTERPE longevaginata 2. MAXIMILIANA regia 3. DIPLOTHEMIUM Torallyi.

Gérard col.

A. CHAMÆDOREA lanceolata. B. CHAMÆDOREA conocarpa.

C. MORENIA fragrans.

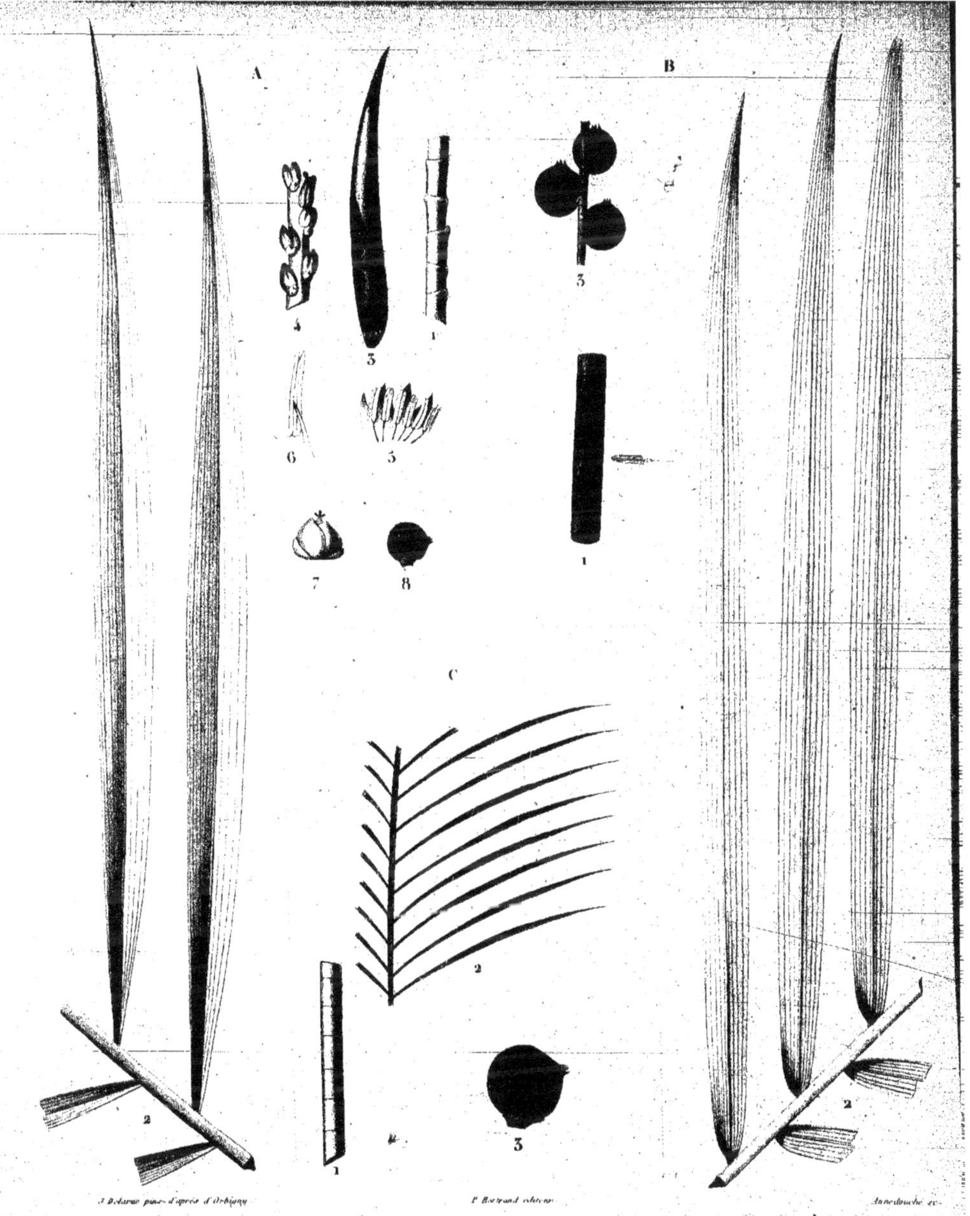

A. EUTERPE andicola. B. EUTERPE Henckeana.

C. EUTERPE longevaginata.

Impr. de Bénard

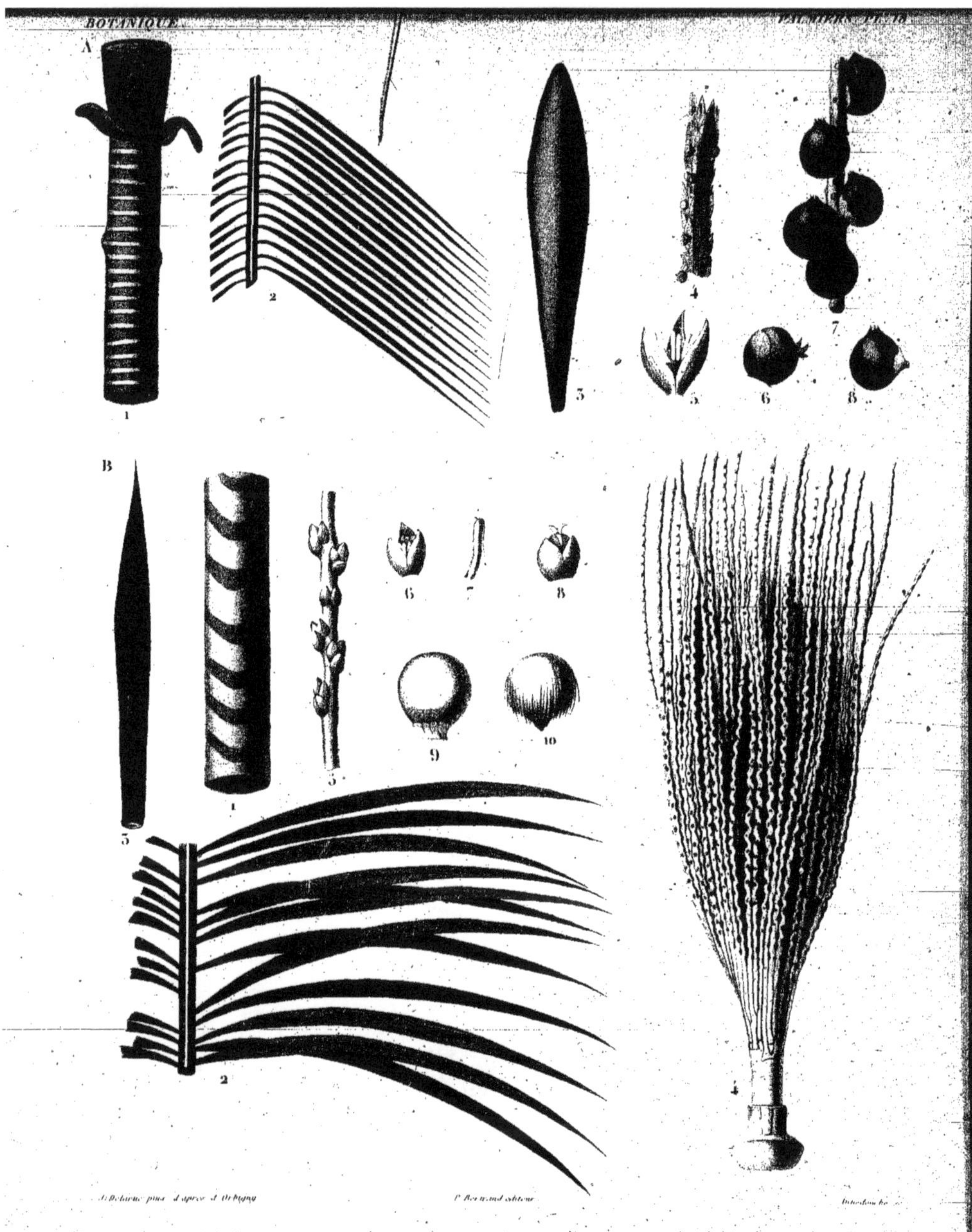

A. EUTERPE precatoria. B. ŒNOCARPUS tarambapo.

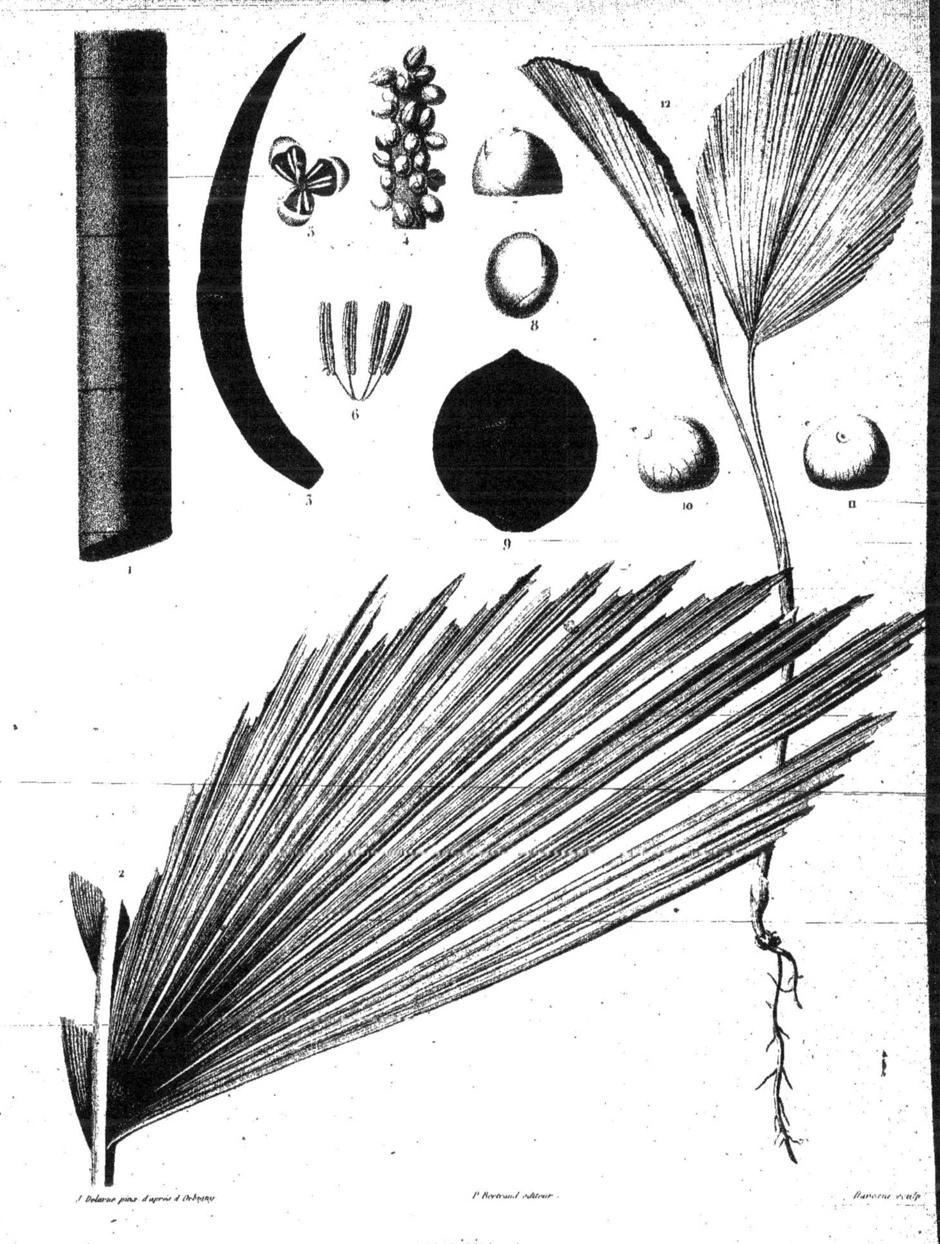

J. Delarue pinx. d'après d'Orbigny — P. Bertrand éditeur. — Davesne sculp.

IRIARTEA phæocarpa.

Impie de Delarue.

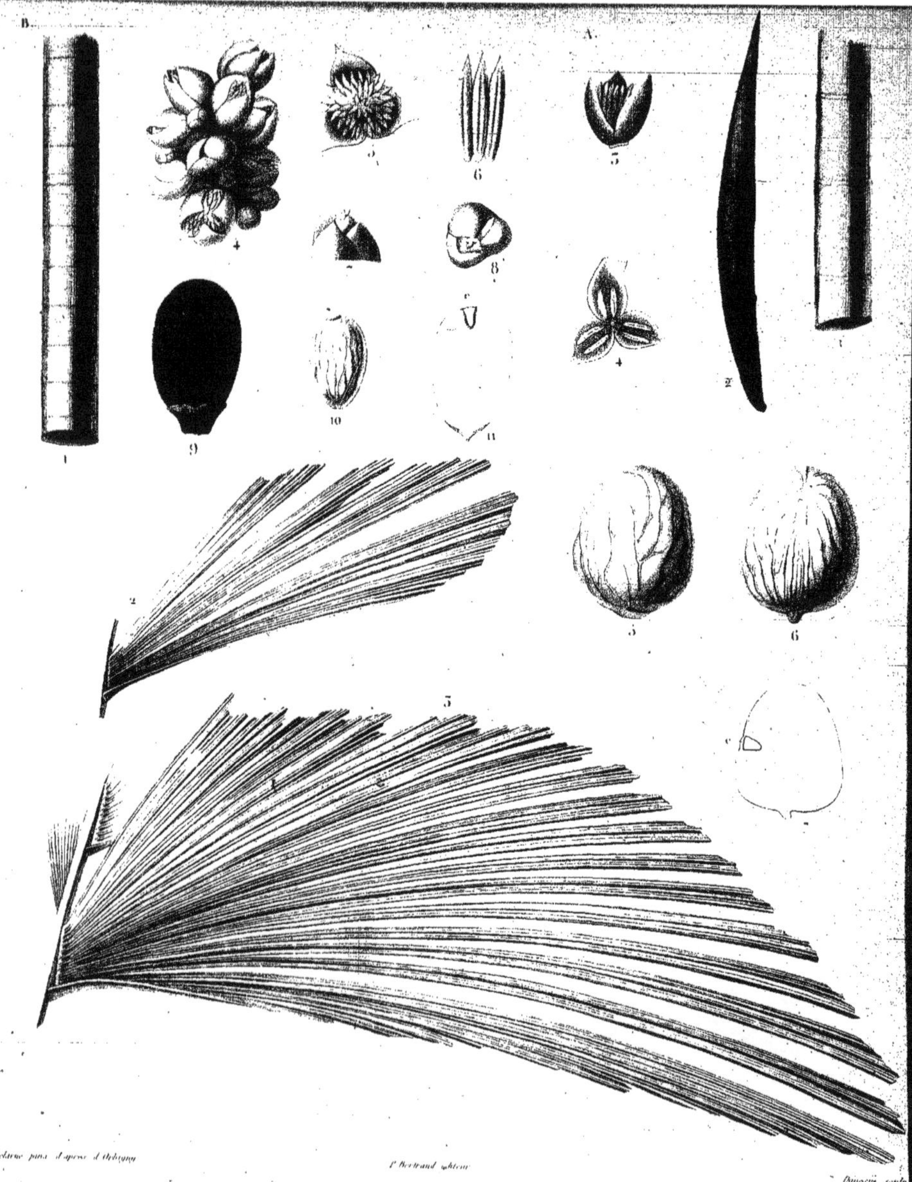

A. IRIARTEA Lamarckiana B. IRIARTEA Orbigniana

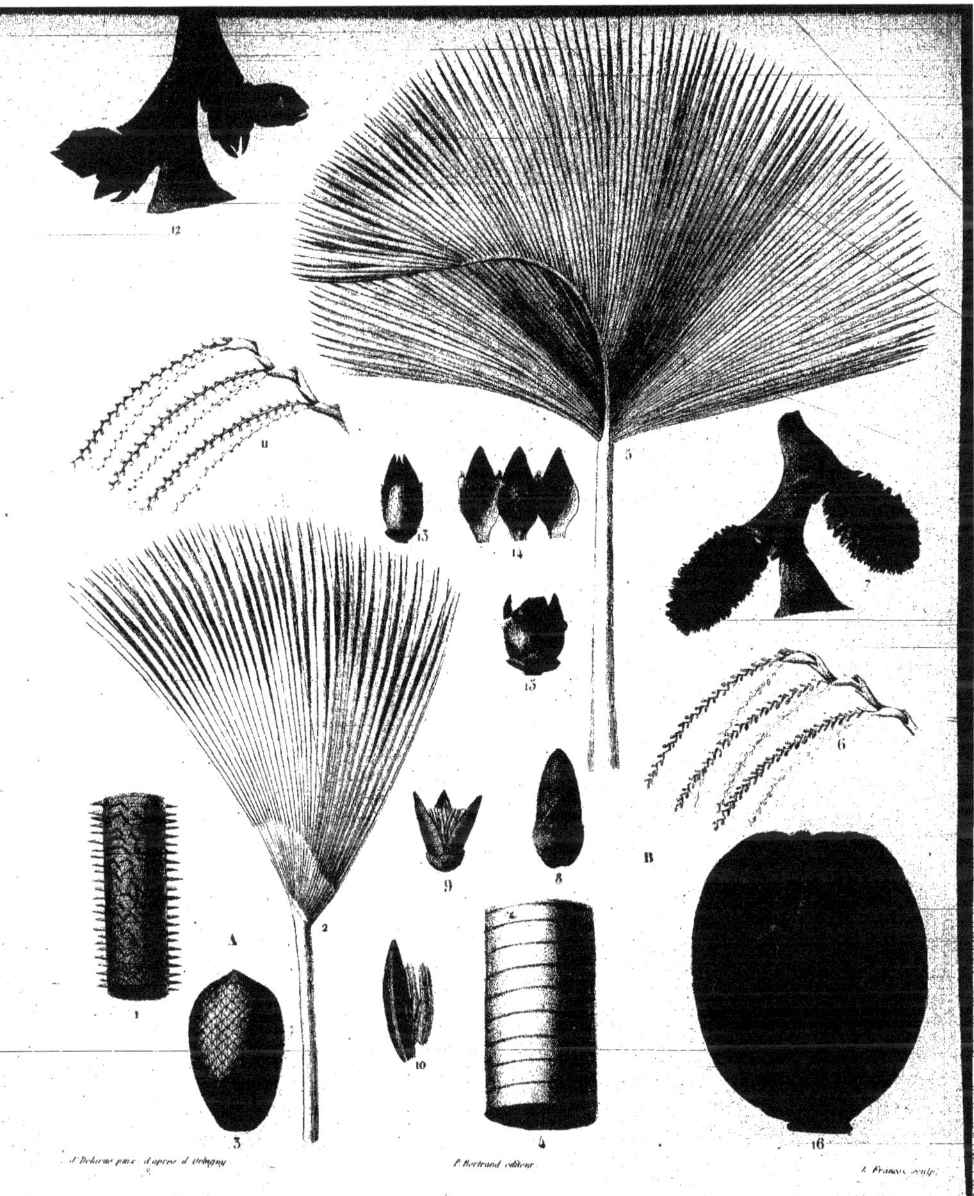

J. Delarue pinx. d'après d'Orbigny — P. Bertrand éditeur — L. Fransoi sculp.

A. 1–3. MAURITIA armata. B. 4–16. MAURITIA vinifera.

Impr. de Delarue.

A. GEONOMA Orbigniana. B. GEONOMA Desmarestii.

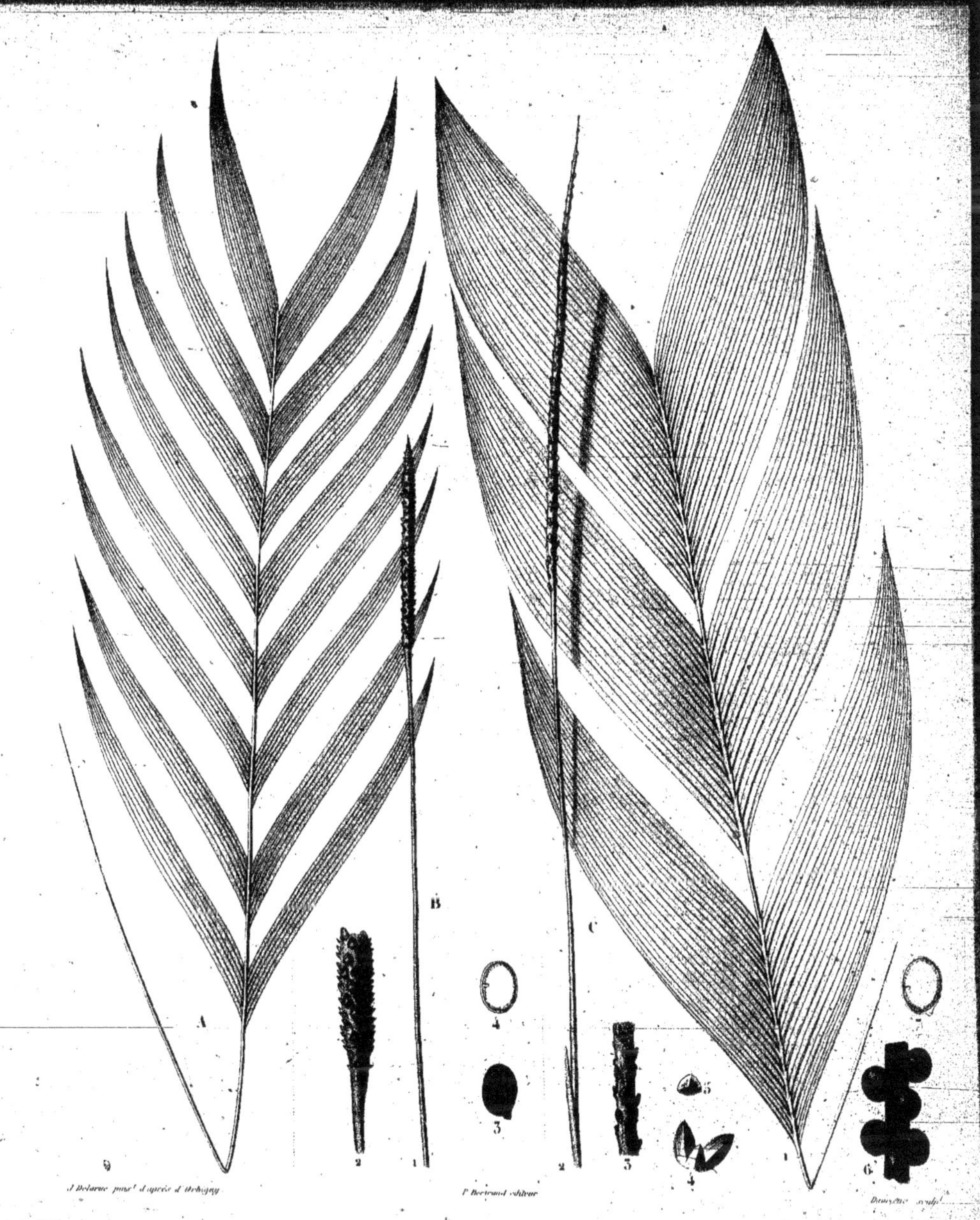

J. Delarue pinx. d'après d'Orbigny. P. Bertrand éditeur. Dumesnil sculp.

A. GEONOMA Jussieuana. B. GEONOMA macrostachya. C. GEONOMA Brongniartii.

Imp. de Delarue.

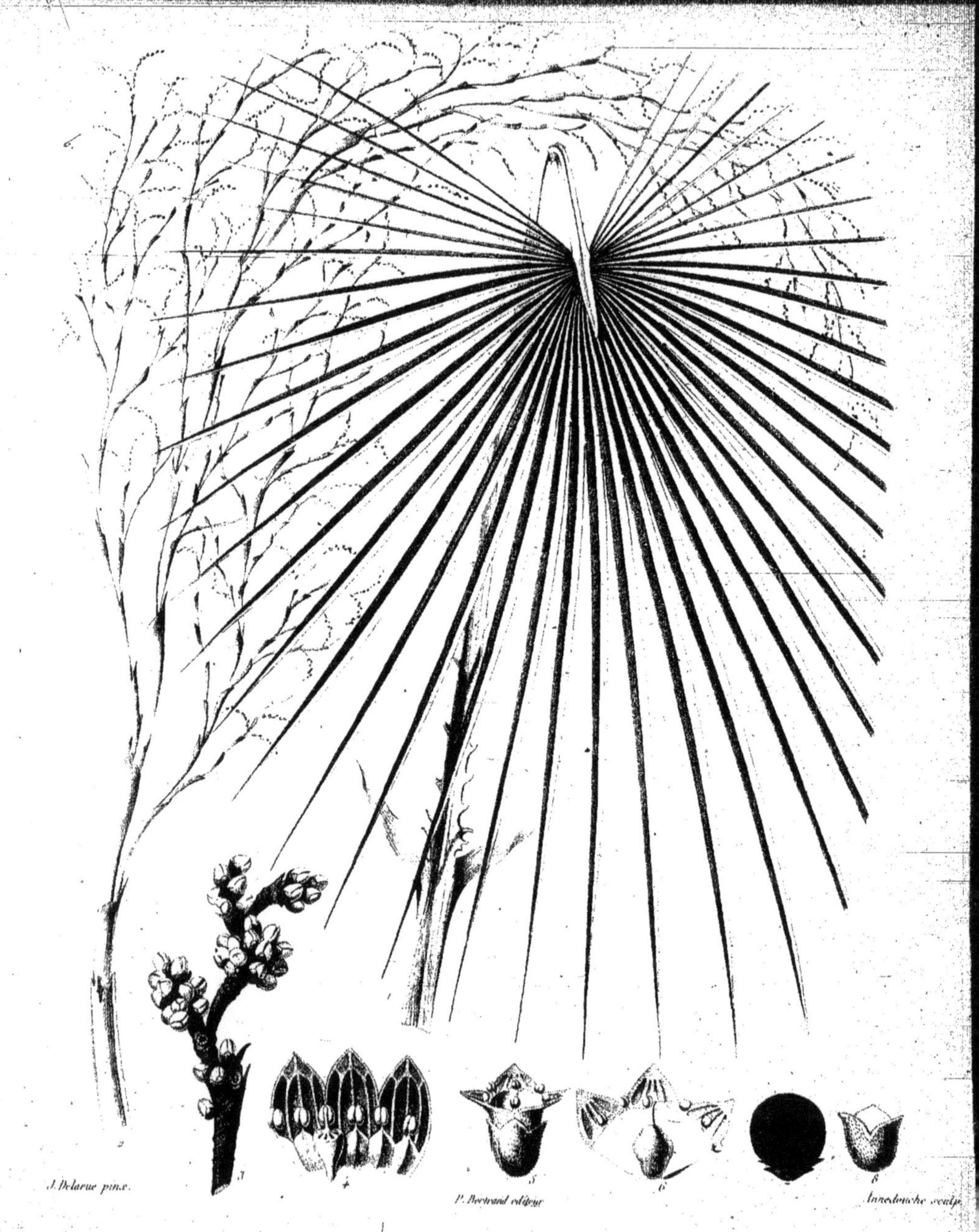

COPERNICIA cerifera.

A. TRITHRINAX brasiliensis. B. THRINAX chuco.

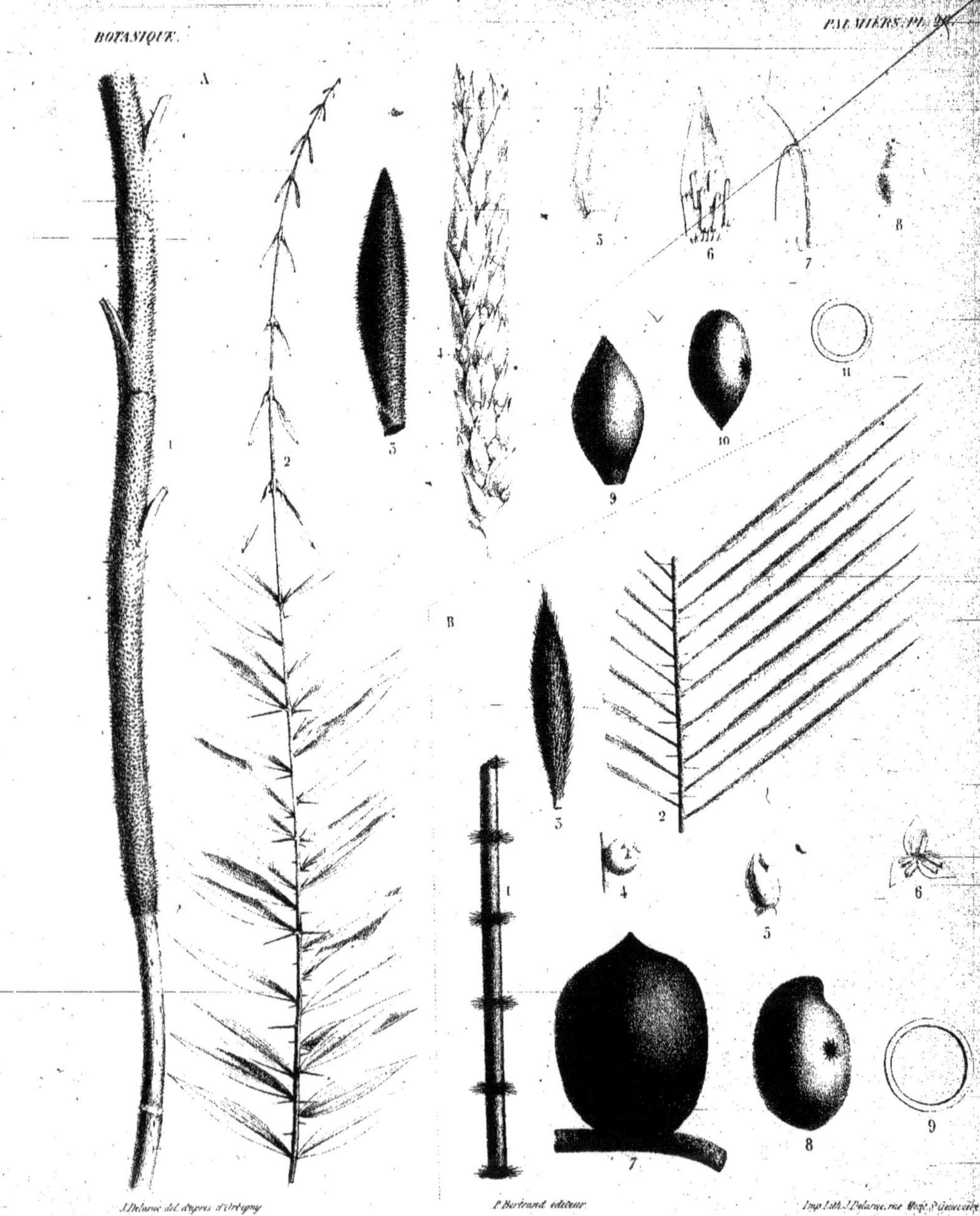

J. Delarue del. d'après d'Orbigny

P. Bertrand éditeur

Imp. Lith. J. Delarue, rue Mont. Ste Geneviève

A. DESMONCUS rudentum. B. BACTRIS socialis.

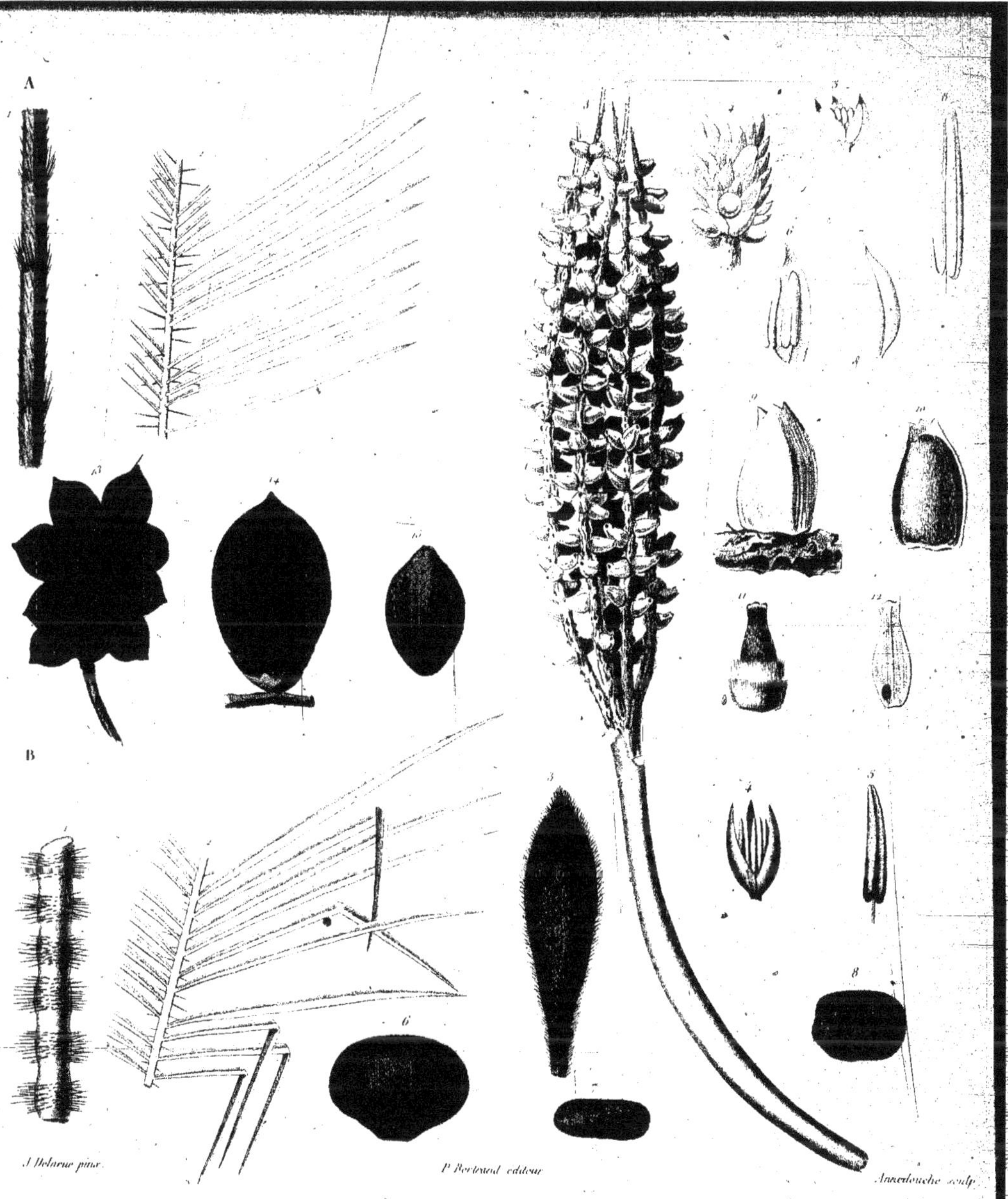

A. BACTRIS infesta B. BACTRIS inundata

Gérard col.

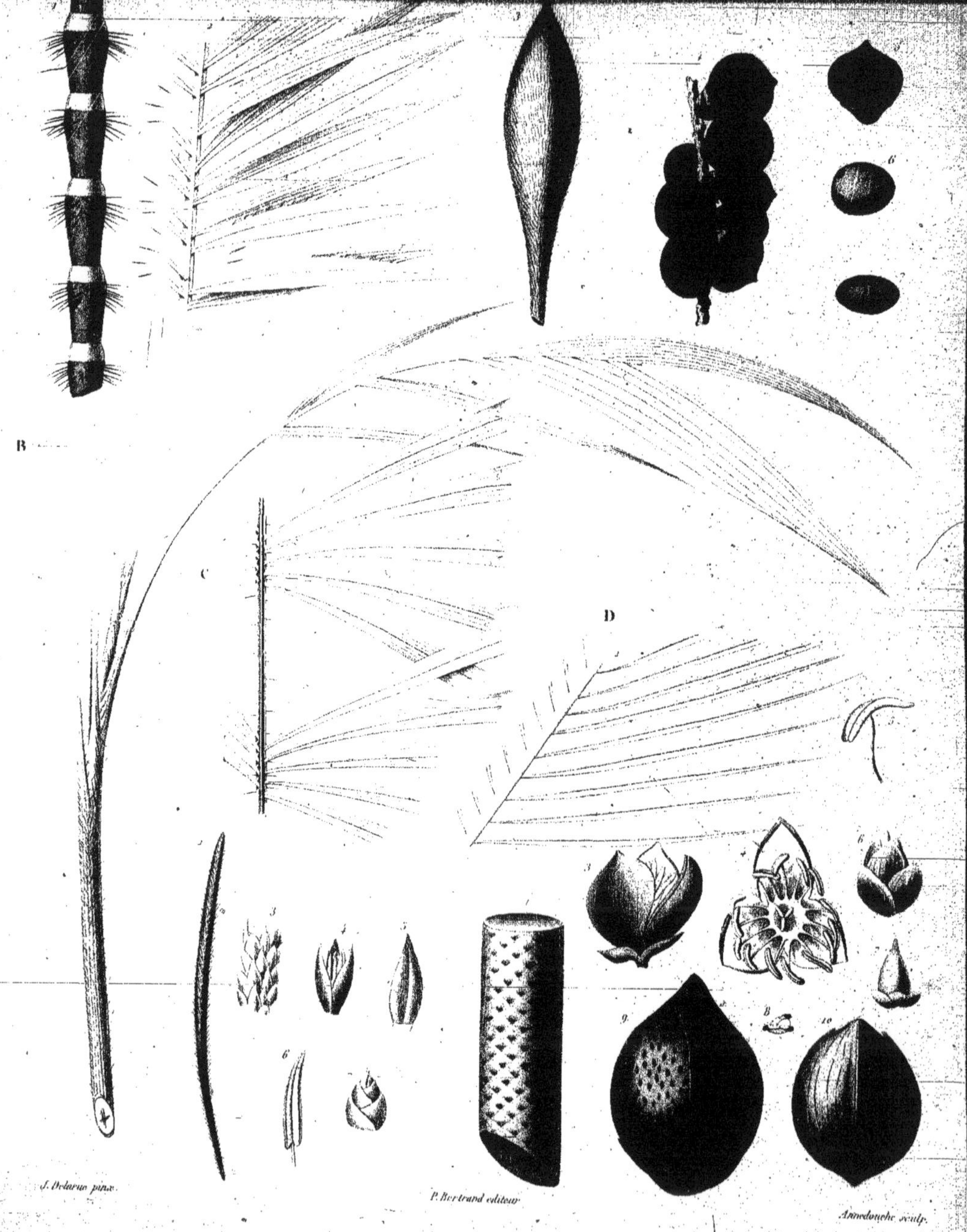

A. BACTRIS Brongniartii. B. BACTRIS faucium C. MARTINEZIA truncata. D. DIPLOTHEMIUM Toralli.

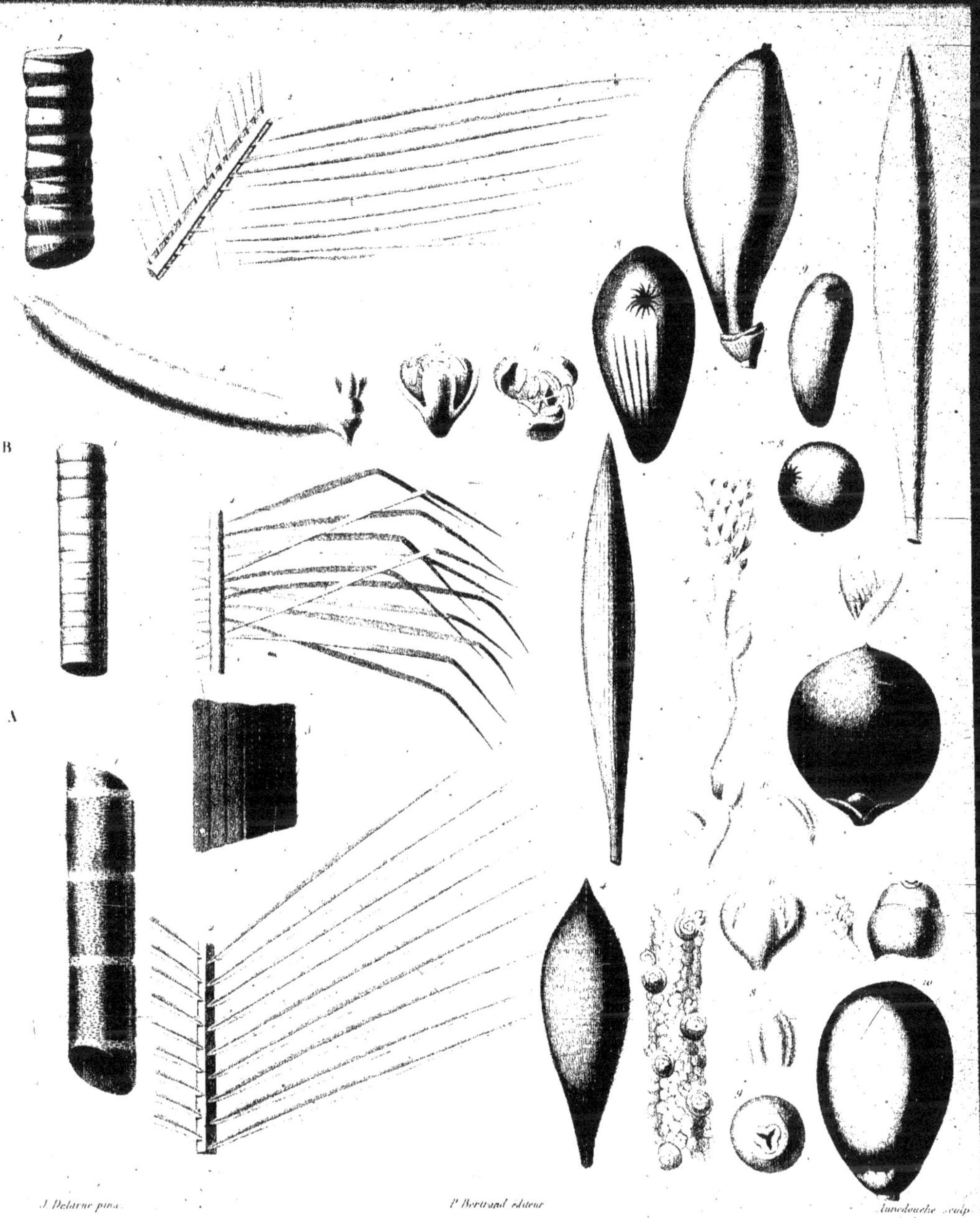

J. Delarue pinx. P. Bertrand éditeur Annedouche sculp.

A. GUILIELMIA insignis. B. ACROCOMIA Tatai. C. ASTROCARYUM Chonta.

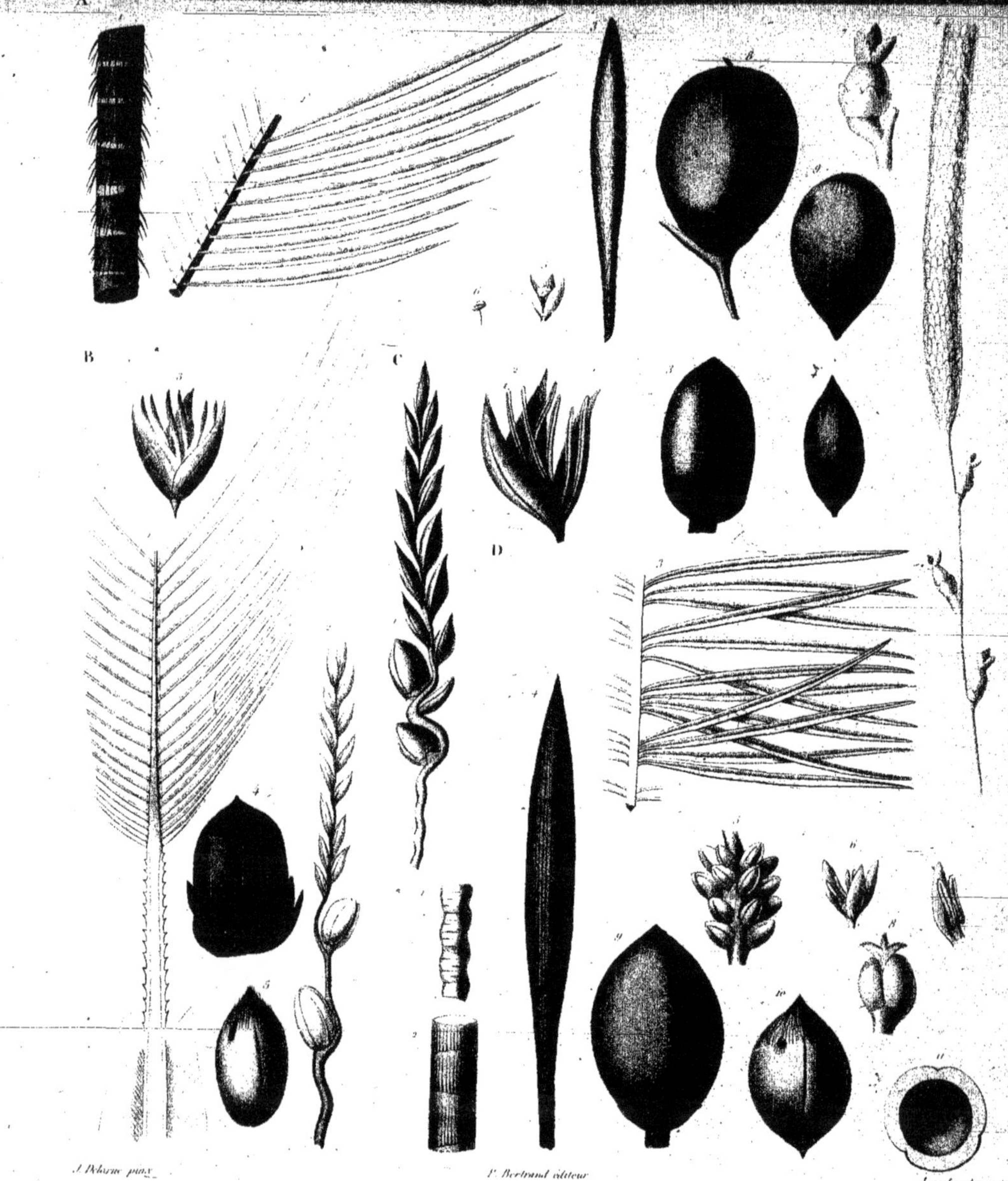

J. Delarue pinx.   P. Bertrand éditeur   Annedouche sculp.

A. ASTROCARYUM Huaimi. B. COCOS Yatai. C. COCOS australis. D. COCOS botryophora.

Gérard col.

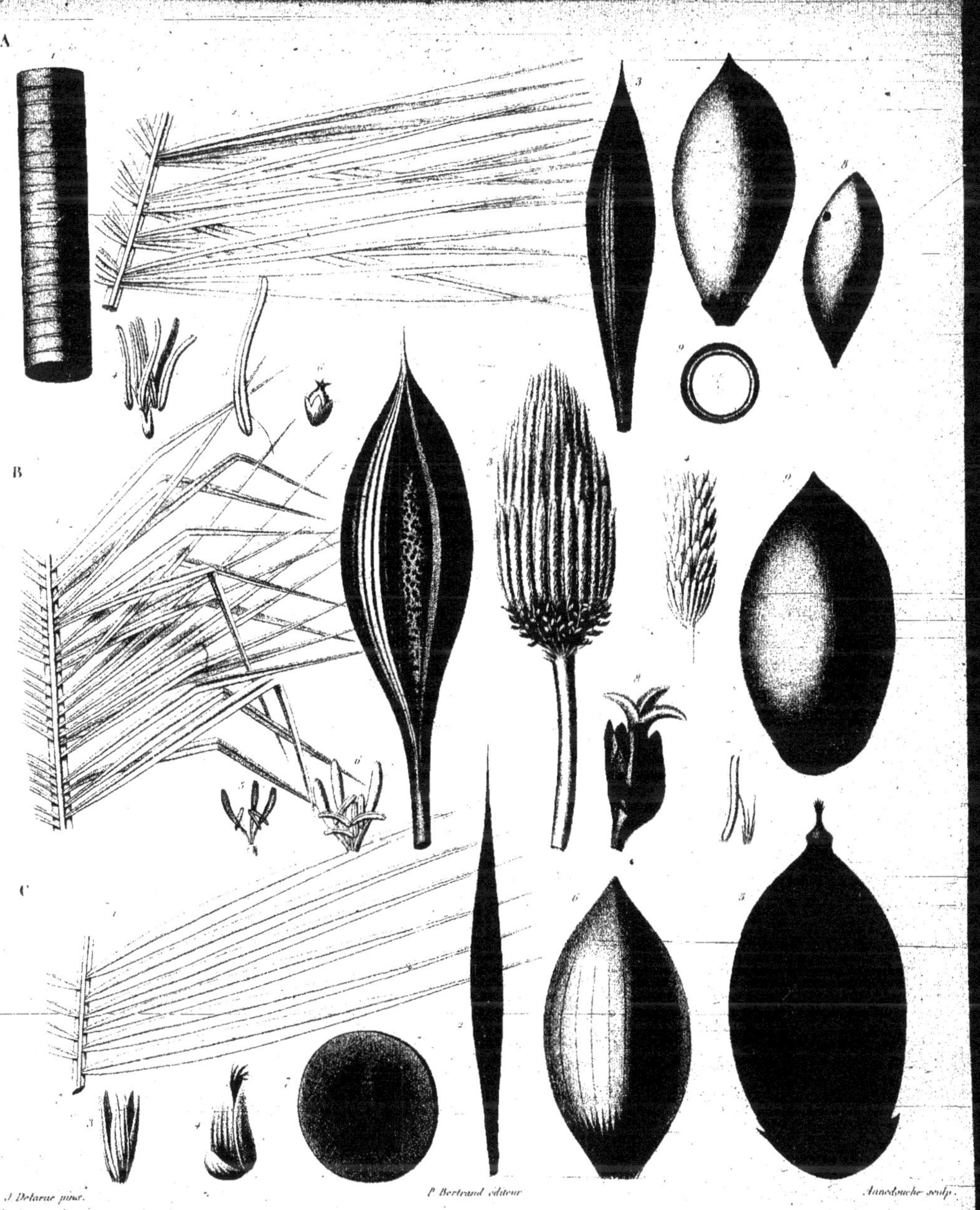

A. MAXIMILIANA regia. B. ATTALEA princeps. C. ATTALEA blepharopus.

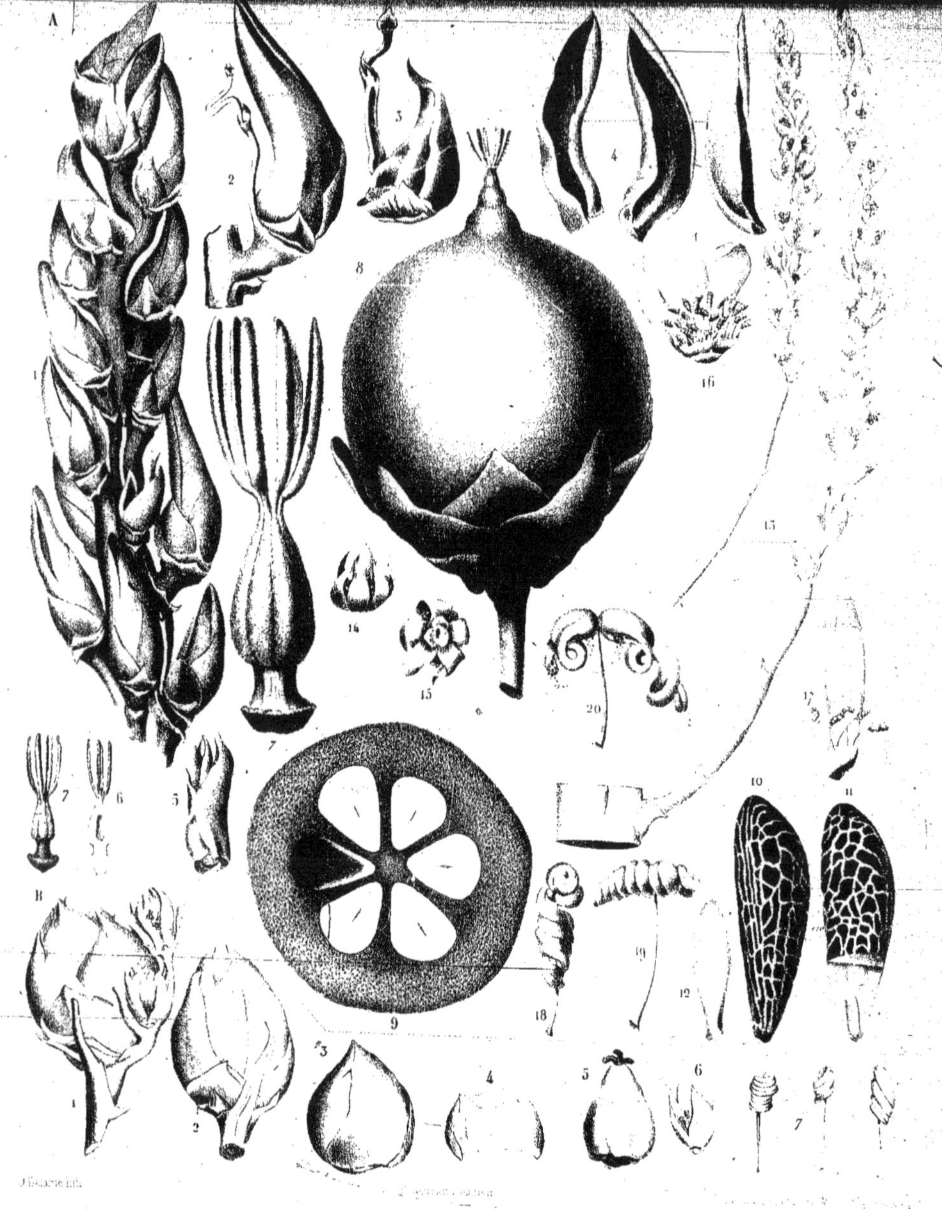

A. ORBIGNIA phalerata. B. ORBIGNIA humilis.

www.ingramcontent.com/pod-product-compliance
Ingram Content Group UK Ltd.
Pitfield, Milton Keynes, MK11 3LW, UK
UKHW020224200726
13856UKWH00004B/1613

9 782013 476041